BEI GRIN MACHT SICH IHR WISSEN BEZAHLT

- Wir veröffentlichen Ihre Hausarbeit, Bachelor- und Masterarbeit

- Ihr eigenes eBook und Buch - weltweit in allen wichtigen Shops

- Verdienen Sie an jedem Verkauf

Jetzt bei www.GRIN.com hochladen und kostenlos publizieren

Bibliografische Information der Deutschen Nationalbibliothek:

Die Deutsche Bibliothek verzeichnet diese Publikation in der Deutschen Nationalbibliografie; detaillierte bibliografische Daten sind im Internet über http://dnb.d-nb.de/ abrufbar.

Dieses Werk sowie alle darin enthaltenen einzelnen Beiträge und Abbildungen sind urheberrechtlich geschützt. Jede Verwertung, die nicht ausdrücklich vom Urheberrechtsschutz zugelassen ist, bedarf der vorherigen Zustimmung des Verlages. Das gilt insbesondere für Vervielfältigungen, Bearbeitungen, Übersetzungen, Mikroverfilmungen, Auswertungen durch Datenbanken und für die Einspeicherung und Verarbeitung in elektronische Systeme. Alle Rechte, auch die des auszugsweisen Nachdrucks, der fotomechanischen Wiedergabe (einschließlich Mikrokopie) sowie der Auswertung durch Datenbanken oder ähnliche Einrichtungen, vorbehalten.

Impressum:

Copyright © 2018 GRIN Verlag
Druck und Bindung: Books on Demand GmbH, Norderstedt Germany
ISBN: 9783668662537

Dieses Buch bei GRIN:

https://www.grin.com/document/417036

Michael Dienst

Unterwasserteil zur Anmontage an Surfboards, Terminal-Type

Transactions in Suffering Innovations T13 SI740

GRIN Verlag

GRIN - Your knowledge has value

Der GRIN Verlag publiziert seit 1998 wissenschaftliche Arbeiten von Studenten, Hochschullehrern und anderen Akademikern als eBook und gedrucktes Buch. Die Verlagswebsite www.grin.com ist die ideale Plattform zur Veröffentlichung von Hausarbeiten, Abschlussarbeiten, wissenschaftlichen Aufsätzen, Dissertationen und Fachbüchern.

Besuchen Sie uns im Internet:

http://www.grin.com/

http://www.facebook.com/grincom

http://www.twitter.com/grin_com

„Transactions in suffering Innovations"

Ideen verbrennen im Park

Der Wedding ist heute wunderschön
und ich fühl` mich seltsam stark.
Was hält mich da noch im Labor?
Wir gehen zum Led Zeppelin,
der gefällt mir mehr als je zuvor,
bei ungefähr tausend Kelvin.
Komm, lass uns Patente verbrennen im Park.

Mi. Berlin 2016

Den Ausführungen sei ein Traktat vorangestellt. Die Textbeiträge zum Stand der Technik und den „Transactions in Suffering Innovations" besitzen ein dynamisches Format und sind, beginnend im November 2016, in folgender Weise geordnet und überschrieben:

Titel:	Artefakt
Untertitel:	Transactions in Suffering Innovations T[NUMMER]SI[Mi-KENNUNG]
Datum:	Freigabe
Prolog	[Kontext]
Kerntext	[Technische Beschreibung]
Epilog	[Hintergründe und Dialoge]

Traktat

über die Beiträge zum Stand der Technik und zu den „Transactions in Suffering Innovations"

Die „Transactions in Suffering Innovations" bilden eine Sammlung von Schriften über Artefakte im Themenfeld Biologie & Technik, die in loser Reihenfolge erscheint. Es besteht durchaus die Absicht, den Stand der Technik zu verändern.

Gegenstand der Beiträge zu den Schriften der „Transactions in Suffering Innovations" sind Artefakte, Problemlösungen, Gestaltungsfragen und die kritische Auseinandersetzung mit Themen der Bionik, also Technik nach Vorbildern aus der belebten und unbelebten Natur und ihre Umsetzung. In ausgesuchten Fällen sind Technische Beschreibungen nach Standards des Deutschen Patent und Markenrechts[1] verfasst.

Mit den „Transactions in Suffering Innovations" soll der Fortschritt auf dem Gebiet der angewandten Bionik dadurch gefördert werden, dass die dargestellten notleidenden Artefakte, Problem- und Gestaltungslösungen frei von Rechten Dritter sind und mit ausdrücklicher Genehmigung dem Leser zur Nutzung verfügbar werden.

In den „Transactions in Suffering Innovations" werden ausschließlich Artefakte offeriert, die nicht unter das Arbeitnehmererfindungsgesetzes ArbErfG[2] fallen oder in der Vergangenheit fielen.

Die in den „Transactions in Suffering Innovations" dargestellten Artefakte sind insofern notleidend, da sie einerseits aus materieller Not nicht weiterverfolgt werden, ein Umstand der sich vielleicht wieder ändern mag. Andererseits sind die dargestellten Artefakte notleidend, weil sie möglicherweise auftretender oder voranschreitenden geistigen Umnachtung zum Opfer zu fallen drohen; ein Umstand der sich wohl nicht mehr ändern wird.

Als Übergeordneter Absicht gilt es solche Forschung anzustoßen, die Lösungswege der Übertragung biologischer Phänomene untersucht und Fragestellungen betrifft, die im Zusammenhang stehen mit Natur und Technik.

Die Beiträge zum Stand der Technik und den „Transactions in Suffering Innovations" sind in deutscher Sprache verfasst. Dem Text wird gegebenenfalls eine teilweise oder vollständige Übersetzung in englischer Sprache beigestellt. In einer Ausgabe der Schriftensammlung wird jeweils nur ein Werk platziert. Den Ausführungen wird gegebenenfalls ein Prolog vor und ein Epilog nachgestellt.

Mi. Dienst

---

[1] https://www.dpma.de/patent/anmeldung/index.html
[2] Am 7. Februar 2002 trat die Novellierung des Arbeitnehmererfindungsgesetzes ArbErfG in Kraft.

Titel: **Unterwasserteil zur Anmontage an Surfboards**

Untertitel: Transactions in Suffering Innovations T13 SI740
13. März 2018

Technische Beschreibung

Unterwasserteil zur Anmontage an Surfboards

Die Erfindung betrifft ein Unterwasserbauteil für Surfboards, das die klassische Finne vom Stand der Technik substituiert. Das Unterwasserbauteil ist dadurch gekennzeichnet, dass die Konstruktion einen Bugteil in Gestalt einer Schiene (RAIL) und ein Heckteil in Gestalt einer Finne (FIN) besitzt. Die Erfindung betrifft die Lehre über die Integralkonstruktion der Unterwasserbauteils: Rail-Fin-Intergration, nachfolgend RFI benannt, Surfboard und Unterwasserbauteil nachfolgend Surfsystem benannt. Schiene und Finne sind kompakt und robust und aus widerstandsfähigen, natürlichen und recyclingfähigen Materialien gefertigt.
Die Surfsystem-Gesamtkonstruktion ist lateralsymmetrisch ausgeführt und zur gestaltkompatiblen Montage an standardisierte Einbauflansche für Surfboards diverser Hersteller geeignet. Das Surfboard und die Einbauflansche für sind nicht Gegenstand der Erfindung.
Gestaltungsmotiv (Design Intent) ist die Resistenz des Surfboards gegen die so genannte LURCHING-Bewegung des Surfsystems.

Stand der Technik. Leitflächen an Surfboards
Surfboardfinnen sind als Leit- und Steuertragflächen im Bereich des Hecks eines Surfboards wirksam. Für die Montage von unterschiedlichen Finnen an Surfboards sehen die Hersteller unterschiedlich standardisierte Einbauflansche vor.
Bei Surfboards in Fahrt und beim Manövrieren ist neben der hohen mechanischen Belastung der strömungsmechanisch wirksamen Bauteile im Bereich des Unterwasserschiffes die optimale und an Strömungswiderständen arme Funktionsweise entscheidend für die Fahr-leistung. Grundsätzlich sind bei leistungsoptimierten Seefahrzeugen vom Stand der Technik und all ihren Bauteilen Robustheit, Formhaltigkeit, Funktion und Lebensdauer bei geringem Gewicht von Bedeutung.
Zum Lateralplan eines Seefahrzeugs zählen alle fluidmechanisch wirksamen Leitflächen im Unterwasserbereich. Bei Surfboards vom Stand der Technik gehören die als Leitflächen ausgeführten Finnen am Heck zum Lateralplan. In Fahrt bilden fluidmechanisch wirksame Leitflächen im Unterwasserbereich mit symmetrischem Profil nach Stand der Technik dann einen fluiddynamisch wirksamen Tragflügel aus, wenn eine nicht axiale Anströmung gegeben ist. Dies gilt insbesondere für Surfboardfinnen mit symmetrischem Profil nach Stand der Technik.
Die aus dem hydrodynamischen Auftriebsgebaren der Surfbrettfinnen resultierende Quer-kraft wird beim Manövrieren genutzt. Surfbrettfinnen nach Stand der Technik sind üblicher-weise aus (symmetrisch profiliertem) Vollmaterial. Für das Flügelende der Leit- und Steuer-tragfläche, insbesondere den Randbogen (die Kontur des vom Surfbrettkörper abweisenden, freien Surfbrettfinnenflächenendes) sind unterschiedliche Formen bekannt.

Stand der Wissenschaft und der Technik. Stabilität in Fahrt.

Grundsätzlich gilt: Stabilität eines Seefahrzeugs ist das Widerstandsvermögen gegen translatorische und rotatorische Bewegungen des Schwimmsystems. Dies gilt auch für Surfboard, die im Betrieb eher auf der Wasseroberfläche aufgleiten und nur zu bestimmten Zuständen als halbtauchende Seefahrzeuge angesehen werden können. Schiffstabilität besitzt keine physikalisch objektive Bedeutung wie etwa die Begriffe Kraft, Moment oder Masse. Stabilität hängt vielmehr von subjektiven Größen ab, etwa dem Bezugssystem. Deshalb kommt es sehr darauf an, welche Eigenschaften und Merkmale man für die Feststellung der Stabilität eines maritimen Systems auswählt.

Ein gestalterisches Merkmal jedes Schiffes ist sein Lateralplan. Der Lateralplan eines Schwimmsystems beinhaltet viele Informationen über die Größe und die Verteilung der benetzten Fläche in Fahrt. Der Lateralplan ist die Projektion des Unterwasserschiffs in der X-Z-Ebene eines körperfesten Koordinatensystems - dem Bezugssystem nach Lagrange - des Halbtauchers in Fahrt.

In der einschlägigen Literatur wird dem Lateralplan eine bedeutsame Rolle bei der Herstellung passiver Stabilität eines Seefahrzeugs in Fahrt einberaumt. Die passive Stabilität korreliert mit der gleichsam subjektiv beschriebenen Seetauglichkeit eines Schwimm-systems.

Von grundsätzlicher Bedeutung sind Form und Größe des Rumpfes (des Seefahrzeugs), Masse und Masseverteilung des Fahrsystems (Trimmung) und das dynamische Verhalten (z. B. bei Kursänderungen und bei hoher Geschwindigkeit).

Eine grobe Einteilung der Schiffsbewegungen beim Manövrieren und in Fahrt benennt das Rollen oder Rotationsschlingern (ROLL), entsprechend einer Rotation um die X-Achse, das Stampfen und Nicken (PITCH), entsprechend einer Rotation um die Y-Achse und das Gieren (YAW) entsprechend Rotation um die Z-Achse. Des Weiteren benennen wir der der Fortbewegung überlagerte translatorische Schiffsbewegung in X-Richtung (SURGE), die translatorische Seitenverschiebung in Y-Richtung (SWAY) und die Tauch- und Hebebewegung in Z-Richtung (HEAVE), sowie das Schlingern und Taumeln (LURCHING) um eine im Bugpunkt gedachte vertikale Rotationsachse.

Problembeschreibung

Bei Leit- und Steuerflächen von Seefahrzeugen, wie etwa Surfboardfinnen und anderen fluidmechanisch wirksamen, Querkraft erzeugenden Tragflächen taucht das Problem der beidseitigen fluidischen Beaufschagbarkeit im Betrieb auf. Deshalb haben Leit- und Steuerflächen, von Seefahrzeugen im Allgemeinen symmetrische Profile. Dies gilt auch für am Surfboard zentral angeordnete Finnen.

Bei hohen Geschwindigkeiten kommt es bei Finnen vom Stand der Technik zum Strömungs-abriss und zu unkontrollierter Querkrafterzeugung am Finnensystem. Das Seefahrzeug büßt die Resistenz gegen das Schlingern (LURCHING Stabilität) in einem hohen Maße oder sogar vollständig ein.

Problemlösung

Das Unterwasserbauteil des Surfboards nach Anspruch 1 wird als fluiddynamisch wirksames Leitsystem ausgeführt, das nur in geringem Masse Querkraft erzeugt, aber durch sein besondere Gestalt, die Rail-Fin-Intergration, RFI die Strömung im Nachlauf vorteilhaft formt.

Erreichbare Vorteile
Ein Stabilitätsmerkmal für Surfboards ist die Resistenz gegen Schlingern in Fahrt. Die LURCHING-Resistenz kann über die Rail-Fin-Intergration, RFI des Unterwasserbauteils des Surfboards beeinflusst werden. Die LURCHING-Resistenz ist der entscheidende Faktor zur Richtungsstabilität des Surfsystems in Fahrt.

Aufbau, bauliche Ausführung und Wirkungsweise
Fluidmechanisch wirksame Leit- und Steuertragflächen sind in der Regel profiliert ausgeführt. Die bauliche Ausführung und die Wirkungsweise betrifft ein Unterwasserbauteil, das bei hohen Geschwindigkeiten des fluidmechanischen Nachlauf des Unterwasserbauteils nach Anspruch 1 vorteilhaft formt.
Der Sockel SOC, der bugwärtige, schienenförmige Bereich RAIL, der heckwärtige, flossen-förmig gestaltete Finnenflügel FIN und der Wurzelbereich TER bilden eine organisatorische und konstruktive Einheit. Die schematische Skizze FIGUR 1 zeigt den baulichen Zusammenhang des Unterwasserbauteils.
Schiene und Finne sind kompakt und robust und aus widerstandsfähigen, ggf. natürlichen und recylingfähigen Materialien gefertigt, beispielsweise Holz.
Das bei dieser Konstruktion zur Anwendung kommende „Terminal" im Wurzelbereich TER, welches zu dem Einbauflansch des Surfboards kompatibel ist, entspricht einem über Länge L, Tiefe T und Dicke D standardisierten Rechteckprisma.

Liste der Konstruktionskomponenten
FIN   Finnenflügel im Heckbereich des Unterwasserbauteils
RAIL   Schiene um Bugbereich des Unterwasserbauteils
SOC   Sockel um Wurzelbereich des Unterwasserbauteils
TER   Wurzelbereich des Unterwasserbauteils
Der Wurzelbereich TER des Strömungsbauteils
Länge   L= 115   [mm]
Tiefe   T=18   [mm]
Dicke   D = 7   [mm]

Der Wurzel-Bereich TER, kompatibel zu Terminal zur Anwendung kommende „Box" ist beliebig und nicht relevant für die Erfindung nach Anspruch 1. In der Abbildungen Figur 1 wird der Bauteilwurzel-Bereich TER, kompatibel zu Terminals eines weltweit agierenden Hersteller als Rechteckprisma dargestellt.
Bauweisen und Bauausführungen der Anmontage des Unterwasserbauteils an ein Surfboard sind nicht Gegenstand der Erfindung.

Wirkungsweise. Da es bei hohen Geschwindigkeiten bei Finnen vom Stand der Technik zum Strömungsabriss kommt, zu unkontrollierter Querkrafterzeugung am Finnensystem besteht die Gefahr zu Schlingern (Einbuße der LURCHING Stabilität).
Das Unterwasserbauteil nach Anspruch 1 formt die Strömung im Nachlauf vorteilhaft zu einem kompakten Wirbel. Dieser bindet allerdings einen großen Teil der zur Voranfahrt des Surfsystems aufgebrachten Energie, führt aber auf der anderen Seite zu einer hohen LURCHING Stabilität. Beim Surfen in der Welle steht dem Surfsystem in den meisten aller Betriebszustände ein Überschuss an (Antriebs-) Energie zur Verfügung.

FIGUR 1

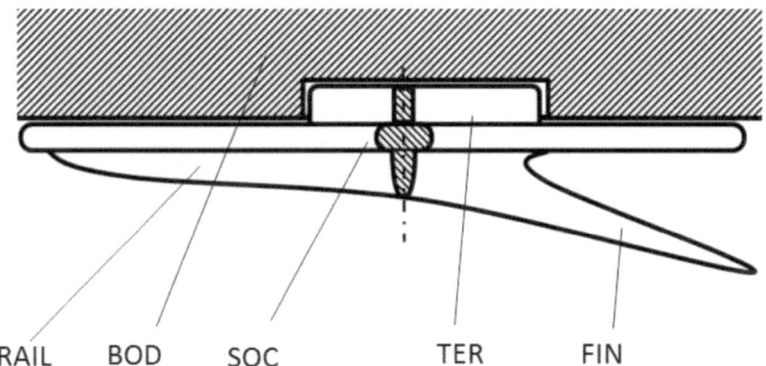

RAIL BOD SOC   TER   FIN

Ansprüche

(1) Unterwasserbauteil für Surfboards, das die klassische Finne vom Stand der Technik substituiert, dadurch gekennzeichnet, dass es im Bugteil die Konstruktionsweise einer Schiene (RAIL) und ein Heckteil in Gestalt einer Finne (FIN) besitzt.

(1) Unterwasserbauteil für Surfboards nach Anspruch 1 dadurch gekennzeichnet, dass Schiene und Finne kompakt und robust sind und aus widerstandsfähigen, natürlichen und recyclingfähigen Materialien gefertigt werden.

(1) Unterwasserbauteil für Surfboards nach Anspruch 1 dadurch gekennzeichnet, dass die Bauweise die Resistenz des Surfboards gegen die so genannte LURCHING-Bewegung des Surfsystems verbessert.

BEI GRIN MACHT SICH IHR WISSEN BEZAHLT

- Wir veröffentlichen Ihre Hausarbeit, Bachelor- und Masterarbeit

- Ihr eigenes eBook und Buch - weltweit in allen wichtigen Shops

- Verdienen Sie an jedem Verkauf

Jetzt bei www.GRIN.com hochladen und kostenlos publizieren